AF885279

Cambio Climático

El impacto en la agricultura y los costos de adaptación

Gerald C. Nelson, Mark W. Rosegrant, Jawoo Koo, Richard Robertson, Timothy Sulser, Tingju Zhu, Claudia Ringler, Siwa Msangi, Amanda Palazzo, Miroslav Batka, Marilia Magalhaes, Rowena Valmonte-Santos, Mandy Ewing y David Lee

Instituto Internacional de Investigación sobre Políticas Alimentarias IFPRI
Washington, D.C.

Actualizado en Octubre 2009

ACERCA DEL IFPRI

El Instituto Internacional de Investigación sobre Políticas Alimentarias (IFPRI, por sus siglas en inglés) fue creado en 1975. El IFPRI es uno de los 15 centros de investigación agrícola financiados principalmente por gobiernos, fundaciones privadas y organizaciones internacionales y regionales que en su mayoría son miembros del Grupo Consultivo para la Investigación Agrícola Internacional (CGIAR).

Ilustración de la portada adaptada de la fotografía de © Sven Torfinn/PANOS y © 2009 Klaus von Grebmer/IFPRI.

DOI: 10.2499/0896295370

Traducido de la versión original en inglés: Nelson, G. C., M.W. Rosegrant, J. Koo, R. Robertson, T. Sulser, T. Zhu, C. Ringler, S. Msangi, A. Palazzo, M. Batka, M. Magalhaes, R. Valmonte-Santos, M. Ewing, and D. Lee. 2009. Climate change: Impact on agriculture and costs of adaptation. Food Policy Report 21. Washington, D.C.: International Food Policy Research Institute (IFPRI).
http://www.ifpri.org/publication/climate-change-1

ISBN 10-dígitos: 0-89629-537-0
ISBN 13-dígitos: 978-0-89629-537-7

Índice

Cuadros

Gráficos

Agradecimientos

Los autores desean agradecer el apoyo financiero recibido del Banco Asiático de Desarrollo y el Banco Mundial (dentro del estudio Economía de la Adaptación al Cambio Climático) y los muy valiosos comentarios y sugerencias de los revisores de las versiones anteriores. Todo error es responsabilidad de los autores.

Colaboradores y respaldo financiero

El trabajo de investigación, comunicación, y fortalecimiento de las capacidades del IFPRI es posible gracias al apoyo de nuestros colaboradores y contribuyentes financieros. El financiamiento del IFPRI proviene principalmente de gobiernos, fundaciones privadas y organizaciones internacionales y regionales, la mayoría de las cuales son miembros del Grupo Consultivo para la Investigación Agrícola Internacional (CGIAR). El IFPRI agradece la generosa e incondicional financiación de Alemania, Australia, Banco Mundial, Canadá, China, Estados Unidos, Finlandia, Francia, India, Irlanda, Italia, Japón, Noruega, Países Bajos, Reino Unido, Sudáfrica, Suecia y Suiza.

Resumen

El reto

El aumento irrestricto de las emisiones de gases está subiendo la temperatura del planeta. Las consecuencias incluyen el derretimiento de glaciares, el aumento de las precipitaciones y de la frecuencia de eventos meteorológicos extremos, y modificaciones en las estaciones del clima. El ritmo acelerado de cambio climático, junto con el aumento de la población y de los ingresos a nivel mundial, amenaza la seguridad alimentaria en todas partes.

La agricultura es extremadamente vulnerable al cambio climático. El aumento de las temperaturas termina por reducir la producción de los cultivos deseados, a la vez que provoca la proliferación de malas hierbas y pestes. Los cambios en los regímenes de lluvias aumentan las probabilidades de fracaso de las cosechas a corto plazo y de reducción de la producción a largo plazo. Aunque algunos cultivos en ciertas regiones del mundo puedan beneficiarse, en general se espera que los impactos del cambio climático sean negativos para la agricultura, amenazando la seguridad alimentaria mundial.

Probablemente las más afectadas sean las poblaciones de los países en vías de desarrollo, desde ya vulnerables y presas de la inseguridad alimentaria. En 2005, casi la mitad de la población económicamente activa de los países en vías de desarrollo (dos mil quinientos millones de personas) dependía de la agricultura para asegurar sus medios de vida. A la fecha, el 75% de los pobres del mundo viven en áreas rurales.[1]

Este Informe sobre Política Alimentaria presenta los resultados de una investigación que cuantifica los impactos del cambio climático mencionados anteriormente, evalúa sus consecuencias sobre la seguridad alimentaria, y estima el monto de las inversiones que podrían compensar las consecuencias negativas del cambio climático en el bienestar humano.

El presente análisis reúne, por vez primera, la modelización detallada del crecimiento de cultivos bajo condiciones de cambio climático, con los aportes derivados de un modelo extremadamente detallado de la agricultura mundial, y utiliza dos escenarios para simular el clima futuro. Los resultados de los análisis sugieren que ***el cambio climático afectará negativamente la agricultura y el bienestar humano:***

- En los países en vías de desarrollo el cambio climático reducirá el rendimiento de los cultivos más importantes. Asia Meridional será particularmente afectada.
- El cambio climático tendrá diversos efectos en los rendimientos de los cultivo bajo riego en todas las regiones, pero las cosechas de los mismos disminuirán significativamente en Asia Meridional.
- El cambio climático acarreará aumentos adicionales de precios para los principales cultivos, tales como el arroz, trigo, maíz y soja. Esto implica un aumento en los costos de la alimentación animal, que se traducirá en un aumento de los precios de la carne. Como consecuencia, el cambio climático reducirá ligeramente el crecimiento del consumo de carne y producirá una caída más notable en el consumo de cereales.
- La disponibilidad de calorías en 2050 no sólo será menor que en el escenario sin cambio climático, sino que de hecho disminuirá en todo el mundo en vías de desarrollo en relación con los niveles alcanzados en 2000.
- Hacia 2050, la disminución en la disponibilidad de calorías incrementará la malnutrición infantil en un 20 por ciento, en relación con lo estimado para un mundo sin cambio climático. El cambio climático eliminará muchas de las mejoras que se alcanzarían en malnutrición infantil en ausencia del mismo.
- Por lo tanto, es necesario invertir agresivamente unos US$7,1 – 7,3 miles de milliones[2] en mejorar la productividad agrícola para así aumentar suficientemente el consumo de calorías de manera que se compensen los impactos negativos del cambio climático en la salud y bienestar de la niñez.

Recomendaciones

Como resultado del presente análisis se sugiere las siguientes recomendaciones para políticas y programas.

1. **Diseñar e implementar políticas y programas de desarrollo de buena calidad.** Dada la incertidumbre actual sobre los efectos que el cambio climático tendrá en lugares específicos, las políticas y programas de desarrollo de buena calidad constituyen las mejores inversiones para la adaptación al cambio climático. Una agenda de desarrollo a favor del crecimiento y de los pobres que apoye la sostenibilidad agrícola contribuye también a la seguridad alimentaria y a la adaptación al cambio climático en los países en vías de desarrollo. La adaptación al cambio climático resulta más viable cuando las personas tienen más recursos y operan en un entorno económico flexible y receptivo.

2. **Aumentar las inversiones en la productividad agrícola.** Incluso sin cambio climático, es necesario realizar mayores inversiones en ciencia y tecnología agrícola para cubrir la demanda de una población mundial que podría alcanzar 9 mil millones de habitantes en 2050. Muchas de estas personas vivirán en el mundo en vías de desarrollo, tendrán mayores ingresos y desearán una dieta más variada. Las soluciones basadas en la ciencia y tecnología agrícolas son esenciales para satisfacer dichas exigencias.

   El cambio climático presenta retos nuevos y más exigentes a la productividad agrícola. Una investigación que permita repotenciar la productividad agrícola y pecuaria, incluida la biotecnología, será esencial para sobreponerse a la tensión causada por el cambio climático. Se necesitan cultivos y ganaderías que tengan un éxito razonable en un rango relativamente amplio de condiciones de producción, en lugar de los que puedan tener mucho éxito pero en un conjunto limitado de condiciones climáticas. Para reducir las emisiones de metano es necesario investigar cambios en las dietas del ganado para consumo y en las prácticas de irrigación de cultivos.

   Una de las lecciones clave de la Revolución Verde es que la mejora de la productividad agrícola, aunque no esté dirigida a los sectores más pobres, puede ser un poderoso mecanismo de alivio indirecto de la pobreza por medio de la creación de empleos y de la reducción del precio de los alimentos. Los aumentos de la productividad que mejoren la resiliencia de los agricultores ante las presiones del cambio climático tendrán probablemente efectos similares en la reducción de la pobreza.

   La infraestructura rural es esencial para que los agricultores aprovechen las mejoras en variedades de cultivos y técnicas de manejo. Los mayores rendimientos y áreas de cultivo requieren que se mantenga y expanda la red de carreteras rurales para así aumentar el acceso a los mercados y reducir los costos de transacción. También se necesita invertir en infraestructura de riego, en especial para aumentar la eficiencia en el uso del agua, aunque cuidándose de evitar inversiones en lugares donde sea probable que disminuya la disponibilidad del agua.

3. **Vigorizar los programas nacionales de investigación y extensión.** Es necesario invertir en científicos de laboratorio y en la infraestructura que ellos requieren. Las alianzas con otros sistemas nacionales y centros internacionales son parte de la solución. También es esencial la colaboración con agricultores locales, proveedores de insumos, comerciantes y grupos de consumidores para el desarrollo y diseminación efectivos de técnicas y cultivares rentables y localmente apropiados que ayuden a revitalizar las comunicaciones entre los agricultores, científicos y otros actores interesados en confrontar los retos del cambio climático.

   Dentro de los países, los programas de extensión pueden desempeñar un papel clave en el intercambio de información al transferir tecnologías, facilitar la interacción, fortaler las capacidades de los agricultores y promover entre ellos la conformación de sus propias redes. Los servicios de extensión que abordan específicamente la adaptación al cambio climático incluyen la diseminación de cultivares locales de variedades resistentes a la sequía, la capacitación en sistemas mejorados de manejo, y la recopilación de información que facilite el trabajo de investigación nacional. Las organizaciones de agricultores pueden ser un mecanismo apropiado de intercambio de información y pueden brindar enlaces costo-efectivos entre los esfuerzos del gobierno y las actividades de los agricultores.

4. **Mejorar la recopilación, difusión y análisis de datos globales.** El cambio climático tendrá consecuencias dramáticas en la agricultura. No obstante, existe una gran incertidumbre sobre dónde se producirán los efectos más fuertes. Esta incertidumbre hace más difícil la puesta en marcha de políticas para combatir los efectos del cambio climático. Se deben reforzar los esfuerzos globales de recopilación y difusión de información sobre la naturaleza espacial de la agricultura. La observación regular y reiterada de la superficie terrestre mediante teledetección es fundamental. Se debería aumentar la financiación de los programas nacionales de estadística de manera que éstos puedan monitorear el cambio global. Lograr una comprensión suficiente de las interacciones entre la agricultura y el clima para apoyar las actividades de adaptación y mitigación relacionadas con el uso de la tierra requiere mejoras significativas en la recopilación, difusión y análisis de la información.
5. **Hacer que la adaptación agrícola sea un punto clave de la agenda dentro del proceso de negociación internacional sobre el clima.** Las negociaciones internacionales sobre el clima brindan a los gobiernos y organizaciones de la sociedad civil la oportunidad de proponer acciones prácticas sobre la adaptación en la agricultura.
6. **Reconocer que las mejoras a la seguridad alimentaria y la adaptación al cambio climático van unidas.** El cambio climático presentará retos inmensos a los esfuerzos de seguridad alimentaria. Por tal motivo, cualquier actividad que brinde apoyo a la adaptación agrícola también mejorará la seguridad alimentaria. En cambio, cualquier cosa que mejore la seguridad alimentaria brindará a los pobres, especialmente a los pobres de las áreas rurales, recursos que los ayudarán a adaptarse al cambio climático.
7. **Apoyar las estrategias comunitarias de adaptación.** La productividad agropecuaria, el acceso al mercado y los efectos del clima son en gran medida específicos a determinados lugares. Las agencias internacionales de desarrollo y los gobiernos nacionales deberían esforzarse para asegurar que el apoyo técnico, financiero y de fortalecimiento de capacidades llegue hasta las comunidades locales. También se debería alentar la participación comunal en los procesos nacionales de planificación de la adaptación. Las estrategias comunitarias de adaptación pueden ayudar a las comunidades rurales a reforzar su capacidad de sobrellevar desastres, mejorar sus habilidades de administración de tierras y diversificar sus medios de vida. Aunque las políticas y estrategias nacionales de adaptación son importantes, la implementación de estas estrategias a nivel local representará la prueba última de la efectividad de la adaptación.
8. **Aumentar la financiación para programas de adaptación en US$ 7 mil millones al año como mínimo.** Se requieren al menos US$ 7 mil millones anuales de fondos adicionales para financiar las inversiones requeridas en investigación, infraestructura rural e irrigación para contrarrestar los efectos negativos del cambio climático en el bienestar humano. La mezcla de inversiones difiere según las regiones: África Sub-Sahariana requiere la mayor inversión global, así como una proporción mayúscula de las inversiones en carreteras; América Latina requiere inversiones en investigación agrícola, y Asia, en mejoras en la eficiencia del riego.

Escenarios de cambio climático[3]

La investigación que subyace a este informe brinda estimaciones detalladas sobre los impactos del cambio climático en la producción, consumo, precios y comercio agrícolas, y proyecta además los posibles costos de adaptación. En ella se utiliza un modelo de proyección de la oferta y demanda agrícola mundial (IMPACT 2009) vinculada a un modelo biofísico (DSSAT) que estima el impacto del cambio climático en cinco cultivos importantes: arroz, trigo, maíz, soja y cacahuetes (maní) (ver cuadro). El informe evalúa los efectos del cambio climático sobre la seguridad alimentaria y el bienestar humano utilizando dos indicadores: el consumo per cápita de calorías y las cifras de malnutrición infantil. Se estima también el costo de las inversiones requeridas (en tres fuentes primarias de mejora de la productividad agrícola: la investigación agrícola, los caminos rurales y la irrigación) para reajustar estos dos indicadores desde sus niveles estimados en 2050 con cambio climático a sus valores en 2050 sin cambio climático. En otras palabras, este informe aísla los efectos del cambio climático sobre el bienestar futuro e identifica sólo los costos de compensación por el cambio climático.

IMPACT 2009

El modelo IMPACT 2009 fue desarrollado originalmente por el Instituto Internacional de Investigación sobre Políticas Alimentarias (IFPRI) para proyectar la oferta, demanda y seguridad alimentaria globales hasta el 2020 y más allá.[4] El mismo analiza 32 productos agrícolas y ganaderos básicos en 281 regiones del mundo, que en forma combinada cubren toda la superficie terrena del planeta (con excepción de la Antártida). Estas regiones se llaman unidades de producción de alimentos (FPU, por sus siglas en inglés). Las relaciones de producción y demanda de los países se vinculan mediante los flujos comerciales internacionales. El modelo simula el aumento en la producción de cultivos, el cual se halla determinado por los precios de los cultivos y de los insumos, y por los parámetros externos que incluyen las tasas de crecimiento de la productividad, la expansión del área de cultivo, las inversiones en riego y la disponibilidad de agua. La demanda es una función de los precios, los ingresos y el crecimiento demográfico, y comprende cuatro categorías de demanda para los productos básicos – alimentación humana, alimentación animal (forraje), biocombustibles y otros usos. La versión 2009 del modelo incluye un módulo de hidrología y está ligado al modelo de simulación de cultivos (Sistema de Apoyo para la Toma de Decisiones en la Transferencia Agrotecnológica, o DSSAT por sus siglas en inglés). Los efectos del cambio climático sobre el rendimiento se agregan a intervalos de 0,5 grados hasta el nivel de la unidad de producción de alimentos.

El modelo DSSAT se usa para analizar los efectos del cambio climático y de la mejora en la fertilidad del suelo causada por niveles elevados de CO_2, en cinco cultivos – arroz, trigo, maíz, soja y cacahuetes (maní). Para los cultivos restantes en el modelo IMPACT, el supuesto básico es que las plantas con rutas metabólicas fotosintéticas similares reaccionarán de manera parecida a cualquier efecto debido al cambio climático que se produzca en una región geográfica determinada. El mijo, el sorgo, la caña de azúcar y el maíz siguen la misma ruta metabólica (C4) y se presume entonces que los tres primeros siguen los resultados DSSAT para el maíz en sus respectivas regiones geográficas. Los demás cultivos en IMPACT siguen una ruta diferente (C3), de manera que se supone que sufrirán los efectos climáticos promedio del trigo, arroz, soja y cacahuetes (maní) en la misma región geográfica, con dos excepciones: Los productos básicos IMPACT llamados "otros granos" y las legumbres de secano se asocian directamente a los resultados DSSAT para trigo y cacahuetes (maní), respectivamente.

Debido a que las simulaciones de cambio climático son intrínsecamente inciertas, se han utilizado dos modelos para simular el clima del futuro utilizando el escenario A2[5] del Informe sobre la Cuarta Evaluación del Grupo Intergubernamental de Expertos sobre Cambio Climático (IPCC, por sus siglas en inglés): (1) el modelo de NCAR (Centro Nacional de los Estados Unidos para la Investigación Atmosférica, por sus siglas en inglés) y (2) el modelo del CSIRO de Australia (Organización de Investigación Científica e Industrial de la Mancomunidad Británica o "Commonwealth", por sus siglas en inglés). Nos referiremos a la combinación de ejecución de estos modelos bajo las condiciones del escenario A2, como los escenarios "NCAR" y "CSIRO". Ambos escenarios proyectan temperaturas más altas en 2050, que causan una mayor evaporación y aumento de las precipitaciones ya que el vapor del agua regresa a la superficie del planeta. El escenario NCAR, más húmedo, estima aumentos promedio de lluvias sobre la superficie terrena de alrededor del 10 por ciento, mientras que el escenario CSIRO, más seco, estima un aumento del 2 por ciento. El Gráfico 1 muestra el cambio en la temperatura máxima promedio entre 2000 y 2050 para los escenarios CSIRO y NCAR. El Gráfico 2 muestra los cambios en la precipitación promedio. En cada conjunto de gráficos, los colores de las leyendas se usan de manera idéntica; cada color específico representa el mismo cambio en la temperatura o la precipitación en ambos escenarios.

Gráfico 1—Cambios en la temperatura máxima promedio (°C), 2000 - 2050

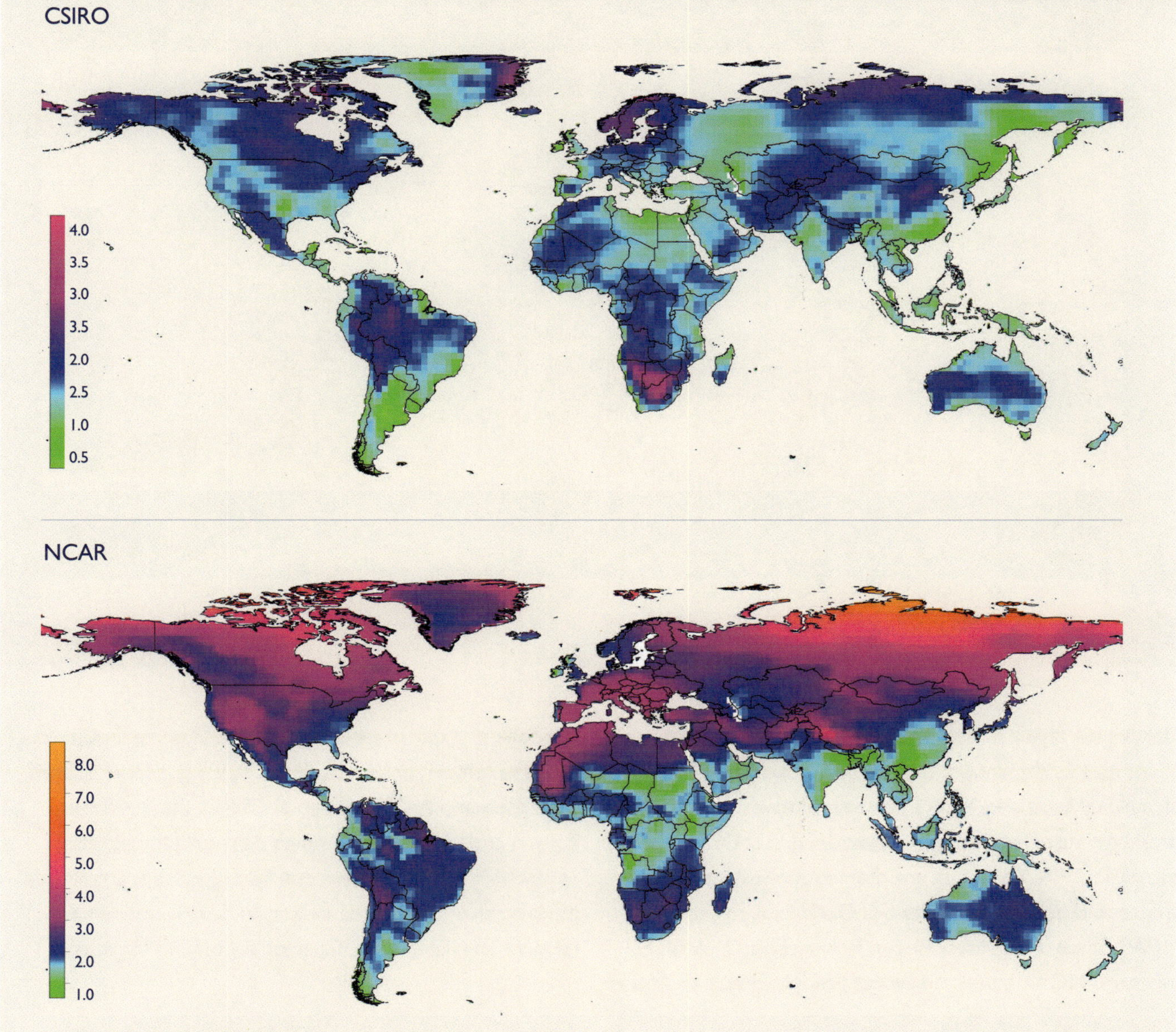

Fuente: Cálculos de los autores.

Gráfico 2—Cambio en las precipitaciones (mm), 2000 - 2050

CSIRO

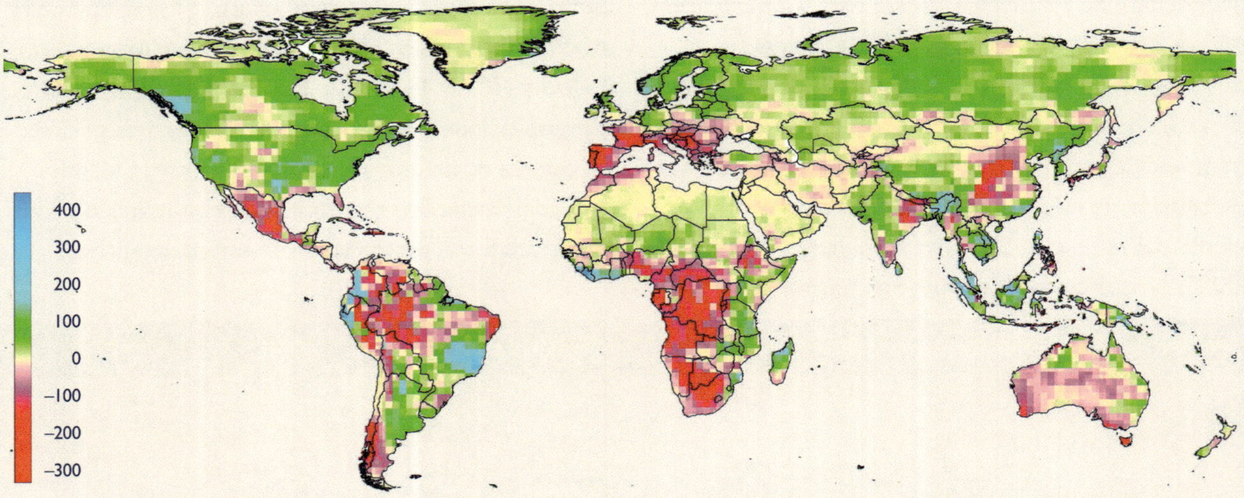

NCAR

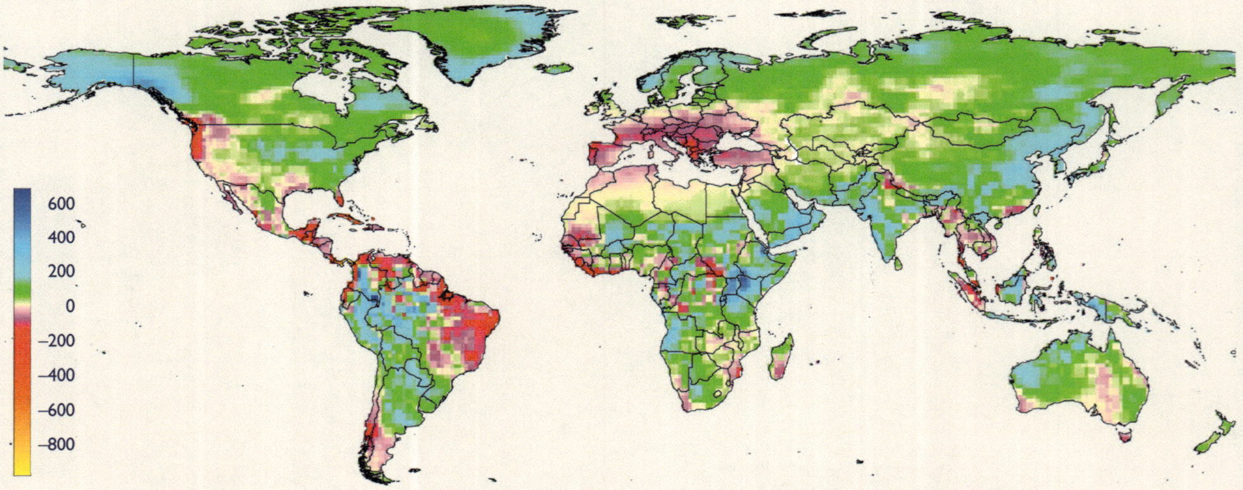

Fuente: Cálculos de los autores.

Una mirada rápida a estos gráficos muestra que existen diferencias fundamentales entre los dos escenarios. Por ejemplo, el escenario NCAR presenta temperaturas máximas promedio sustancialmente más elevadas que el CSIRO. El escenario CSIRO presenta una disminución sustancial de las precipitaciones en la Amazonía Occidental, mientras que NCAR muestra disminuciones en la Amazonía Oriental. El escenario NCAR muestra mayores precipitaciones en África Sub-Sahariana que el escenario CSIRO. El norte de China presenta temperaturas más altas y mayores precipitaciones en el escenario NCAR que en el CSIRO. Estos gráficos ilustran cualitativamente el rango de resultados climáticos potenciales que se obtienen con las capacidades actuales de modelación y ofrecen una indicación de la incertidumbre reinante en cuanto a los impactos del cambio climático.

Impactos del cambio climático

Los impactos del cambio climático en la agricultura y el bienestar humano incluyen: 1) los efectos biológicos en el rendimiento de los cultivos; 2) las consecuencias del impacto sobre los resultados, incluyendo precios, producción y consumo; y 3) los impactos sobre el consumo per cápita de calorías y la malnutrición infantil. Los efectos biofísicos del cambio climático sobre la agricultura inducen cambios en la producción y precios, que se manifiestan en el sistema económico a medida que los agricultores y otros participantes del mercado realizan ajustes de forma autónoma, modificando sus combinaciones de cultivos, uso de insumos, nivel de producción, demanda de alimentos, consumo de alimentos y comercio.

1. Los efectos biológicos del cambio climático en los rendimientos

El aumento de las temperaturas y el cambio en los regímenes pluviales tienen efectos directos sobre el rendimiento de los cultivos, así como efectos indirectos a través de los cambios en la disponibilidad de agua de riego.

Efectos directos sobre el rendimiento: cultivos de secano y bajo riego

El cuadro 1 muestra los efectos biológicos directos de ambos escenarios de cambio climático sobre el rendimiento de cultivos modelado directamente con DSSAT para cultivos de secano y bajo riego en países en vías de desarrollo y desarrollados,[6] con y sin consideración del efecto fertilización por CO_2 (CF y No CF).[7] Estos resultados se logran simulando la "producción" de cada cultivo alrededor del mundo a intervalos de 0,5 grados con el clima imperante en el 2000, y simulándo de nuevo con los valores del escenario de 2050, calculando por último la relación entre ambos resultados. En otras palabras, no se incluyen los ajustes económicos. Los cambios en el rendimiento de los cultivos de secano son inducidos por los cambios en el régimen de lluvias y la temperatura; los efectos en el rendimiento de los cultivos de riego sólo consideran los cambios de temperatura.

En los países en vías de desarrollo, predominan las reducciones en el rendimiento para la mayoría de cultivos sin considerar el efecto fertilización por CO_2. El trigo y el arroz bajo riego se ven especialmente afectados. En promedio, los rendimientos en los países desarrollados se ven menos afectados que en los países en vías de desarrollo. Para unos pocos cultivos, el cambio climático resulta incluso en aumentos en el rendimiento en países desarrollados. En el cálculo de estas proyecciones, la región de Asia Oriental y el Pacífico combinan tanto a China, donde el clima es mayormente templado, como al Sudeste Asiático, que es tropical. Los efectos diferenciados del cambio climático en estas dos zonas climáticas quedan sin revelar. En China, algunos cultivos presentan perspectivas razonablemente buenas debido a que el aumento futuro de las temperaturas resulta propicio en lugares donde actualmente las mismas se hallan muy por debajo de la temperatura óptima para el cultivo. Los rendimientos de cultivos importantes en el Sudeste Asiático disminuyen sustancialmente en ambos escenarios a menos que el efecto fertilización por CO_2 sea efectivo en los campos agrícolas.

Asia Meridional resulta particularmente castigada por el cambio climático. Para casi todos los cultivos, esta es la región con la mayor reducción en rendimientos. Al considerar el efecto fertilización por CO_2, tales reducciones son menores, y en muchos lugares se da cierto aumento en los rendimientos en relación con los datos de 2000; no obstante, para el maíz de secano y para el trigo, tanto de secano como bajo riego, se observan aún áreas sustanciales en donde los rendimientos disminuyen. En el África Sub-Sahariana se dan resultados mixtos, con pequeños aumentos o disminuciones en los rendimientos del maíz y grandes efectos negativos en el trigo de secano. América Latina y el Caribe también presentan efectos mixtos en el rendimiento, con algunos ligeros aumentos o disminuciones para ciertos cultivos.

Efectos indirectos: cultivos bajo riego

El cambio climático tendrá un impacto directo en la disponibilidad de agua para los cultivos bajo riego. El agua interna renovable es el agua que proviene de las precipitaciones. Ambos escenarios climáticos predicen mayores precipitaciones sobre la superficie terrena que sin cambio climático. En el escenario NCAR, todas las regiones experimentan un aumento del agua interna renovable. En el escenario CSIRO, el aumento promedio del agua interna renovable es menor que en NCAR, y las regiones del Medio Oriente, Norte de África y África Sub-sahariana sufren reducciones de alrededor del 4 por ciento.

Además de los cambios en las precipitaciones, el aumento de temperaturas inducido por el cambio climático también causa un incremento de los requerimientos hídricos de los cultivos. La relación entre el consumo de agua y los requerimientos hídricos del cultivo se denomina confiabilidad del abastecimiento de agua de riego. Mientras menor sea dicha relación, mayor será el stress hídrico en los rendimientos de los cultivos bajo riego.

Dentro del grupo de países en vías de desarrollo, la confiabilidad del abastecimiento de agua de riego mejora en el escenario NCAR y empeora en el escenario CSIRO. No obstante, la diferenciación regional de los efectos del cambio climático es importante. La confiabilidad del abastecimiento de agua de riego mejora ligeramente tanto en América Latina y el Caribe como en el Medio Oriente

Cuadro 1—Evolución de los rendimientos por cultivo y por sistema de manejo provocados por el cambio climático, cambios en % entre el rendimiento bajo el clima de 2000 y el rendimiento bajo el clima de 2050.

Región	CSIRO No CF	NCAR No CF	CSIRO CF	NCAR CF
Maíz, bajo riego				
Países en vías de desarrollo	–2,0	–2,8	–1,4	–2,1
Países desarrollados	–1,2	–8,7	–1,2	–8,6
Maíz, de secano				
Países en vías de desarrollo	0,2	–2,9	2,6	–0,8
Países desarrollados	0,6	–5,7	9,5	2,5
Arroz, bajo riego				
Países en vías de desarrollo	–14,4	–18,5	2,4	–0,5
Países desarrollados	–3,5	–5,5	10,5	9,0
Arroz, de secano				
Países en vías de desarrollo	–1,3	–1,4	6,5	6,4
Países desarrollados	17,3	10,3	23,4	17,8
Trigo, bajo riego				
Países en vías de desarrollo	–28,3	–34,3	–20,8	–27,2
Países desarrollados	–5,7	–4,9	–1,3	–0,1
Trigo, de secano				
Países en vías de desarrollo	–1,4	–1,1	9,3	8,5
Países desarrollados	3,1	2,4	9,7	9,5

Fuente: Compilado por los autores.
Nota: Para cada cultivo y sistema de manejo, este cuadro muestra el medio ponderado para la zona de cambio en los rendimientos de un cultivo producido con clima de 2050 en lugar del clima de 2000. CF – con fertilización de CO_2; No CF – sin fertilización de CO_2.

y Norte de África, pero empeora ligeramente en África Sub-sahariana en ambos escenarios. Para Asia Oriental y el Pacífico, así como para Asia Meridional, la confiabilidad aumenta en el escenario NCAR, pero disminuye en el escenario CSIRO.

La disminución en los rendimientos de los cultivos bajo riego debida al stress hídrico se estima directamente en el componente hidrológico del modelo IMPACT, tomando en cuenta el aumento en la demanda de agua tanto agrícola como extra-agrícola. Como es de esperar, los menores rendimientos de los cultivos bajo riego debido al stress hídrico son relativamente mayores en el escenario CSIRO que en el escenario NCAR. Por ejemplo, en Asia Oriental y el Pacífico, sin cambio climático, el efecto conjunto del crecimiento de la demanda no agrícola y del aumento del área bajo riego se traduce en una disminución promedio de 4,8 por ciento en los rendimientos del arroz bajo riego. En el escenario NCAR, esa disminución es de sólo 1,2 por ciento. Sin embargo, en el escenario más seco de CSIRO, la pérdida en el rendimiento de los cultivos bajo riego debida al stress hídrico es de 6,7 por ciento. En Asia Oriental y el Pacífico, las pérdidas en los rendimientos del arroz, trigo y maíz bajo riego son grandes en el escenario CSIRO. El rendimiento de todos los cultivos bajo riego en Asia Meridional experimenta grandes disminuciones en ambos escenarios. En África Sub-sahariana, los rendimientos del maíz son menores en ambos escenarios, pero los efectos según el modelo CSIRO son particularmente fuertes. Los rendimientos en América Latina y el Caribe quedan relativamente sin afectar, debido en parte a la pequeña cantidad de producción bajo riego en esa región.

2. Precios, producción y consumo de alimentos

Precios

Los precios mundiales son un indicador útil de los efectos del cambio climático en la agricultura. El Cuadro 2 describe los efectos que tienen los dos escenarios de cambio climático en los precios mundiales de los alimentos, con y sin consideración del efecto fertilización por CO_2. También muestra las proyecciones en ausencia de cambio climático. Los Gráficos 3 y 4 muestran respectivamente los efectos de los precios mundiales en la producción ganadera y de los principales cereales, suponiendo que no se da el efecto fertilización por CO_2.

Sin cambio climático, los precios mundiales de los cultivos agrícolas más importantes (arroz, trigo, maíz y soja) aumentarán entre el 2000 y 2050, impulsados por el crecimiento demográfico y de los ingresos, y por la demanda de biocombustibles. Aun sin cambio climático, el precio del arroz aumentará 62 por ciento, 63 por ciento el del maíz, 72 por ciento el de la soja, y 39 por ciento el del trigo. El cambio climático da como resultado aumentos adicionales de los precios que varían de 32 a 37 por ciento para el arroz, 52 a 55 por ciento para el maíz, 94 a 111 por ciento para el trigo, y 11 a 14 por ciento para la soja. Si el efecto fertilización por CO_2 de los campos agrícolas fuera efectivo, estos precios serían 10 por ciento menores en 2050.

El ganado no se ve afectado directamente por el cambio climático en el modelo IMPACT, pero los efectos del aumento de precios del forraje causados por el cambio climático se transmiten a la ganadería, dando como resultado el aumento de precios de la carne. Por ejemplo, los precios de la carne de vacuno hacia 2050 son 33 por ciento mayores sin cambio climático y 60 por ciento mayores con cambio climático, sin considerar en ambos casos el efecto fertilización de campos por $C0_2$. Cuando se toma en cuenta dicho efecto, el aumento de los precios de los cultivos es menor, de manera que el aumento de precios de la carne de vacuno es cerca de 1,5 por ciento menor que cuando no se toma en cuenta el efecto fertilización por CO_2.

Producción

El Cuadro 3 muestra los efectos del cambio climático en la producción de cultivos en 2050 comparada con la producción sin cambio climático, según los escenarios NCAR y CSIRO, y toma en cuenta los cambios en rendimiento y área causados directamente por el cambio climático y la adaptación autónoma a medida que los agricultores responden al cambio de precios modificando las combinaciones de cultivos y el uso de insumos. Los efectos negativos del cambio climático en la producción de cultivos son particularmente pronunciados en África Sub-sahariana y Asia Meridional. En Asia Meridional, el escenario con cambio climático da como resultado un declive del 14 por ciento en la producción de arroz en relación con el escenario sin cambio climático, un declive de 44 a 49 por ciento en la producción de trigo, y una caída de 9 a 19 por ciento en la producción de maíz. En África Sub-sahariana, las caídas en los rendimientos del arroz, trigo y maíz con cambio climático son, respectivamente, del 15, 34 y 10 por ciento. Para Asia Oriental y el Pacífico, los resultados son mixtos y dependen tanto del cultivo como del modelo utilizado. La producción de arroz baja alrededor de 10 por ciento, la producción de trigo aumenta ligeramente y la producción de maíz baja en el escenario más seco de CSIRO, pero aumenta con el escenario NCAR. Comparando los cambios promedio en la producción, los países en vía de desarrollo tienen peores resultados que los países desarrollados en todos los cultivos, tanto bajo el escenario CSIRO como NCAR.

Consumo de alimentos

La producción agrícola destinada para consumo humano está determinada por la interacción de la oferta, la demanda y los precios resultantes con las preferencias individuales y los ingresos. El Cuadro 4 muestra el consumo per cápita promedio de cereales y productos cárnicos en 2000 y en 2050 en los escenarios CSIRO y NCAR, con y sin consideración del efecto fertilización por CO_2. También muestra el consumo en ausencia de cambio climático.

Sin cambio climático, el aumento del ingreso per cápita da como resultado una menor disminución en el consumo per cápita de cereales en los países en vías de desarrollo entre 2000 y 2050, así como un aumento en el consumo de carne, mismo que sobrecompensa la disminución en el consumo de cereales. El cambio climático reduce ligeramente el crecimiento en el consumo de carne y causa una caída más importante en el consumo de cereales. Estos resultados representan el primer indicador de los efectos negativos en el bienestar debido al cambio climático. Ambos modelos producen efectos similares.

3. Consumo de calorías per cápita y malnutrición infantil

Las medidas básicas para determinar los efectos del cambio climático en el bienestar humano son el cambio en la disponibilidad de calorías y el cambio en el número de niños malnutridos entre 2000 y 2050 sin cambio climático, y en 2050 usando los dos escenarios de cambio climático.

Cuadro 2—Precios mundiales de los alimentos (US$/tonelada métrica) en 2000 y 2050, y cambios porcentuales para cultivos seleccionados y productos pecuarios

		2050				
Producto Agrícola	**2000**	**Sin cambio climático**	**NCAR sin CF**	**CSIRO sin CF**	**NCAR con efecto CF (% de cambio vs NCAR sin CF)**	**CSIRO con efecto CF (% de cambio vs CSIRO sin CF)**
Arroz (US$/Tm)	190	307	421	406	–17.0	–15.1
% de cambio desde 2000		61.6	121.2	113.4		
% de cambio desde 2050, sin cambio climático			36.8	32.0		
Trigo (US$/Tm)	113	158	334	307	–11.4	–12.5
% de cambio desde 2000		39.3	194.4	170.6		
% de cambio desde 2050, sin cambio climático			111.3	94.2		
Maíz (US$/Tm)	95	155	235	240	–11.2	–12.6
% de cambio desde 2000		63.3	148.0	153.3		
% de cambio desde 2050, sin cambio climático			51.9	55.1		
Soja (US$/Tm)	206	354	394	404	–60.6	–62.2
% de cambio desde 2000		72.1	91.6	96.4		
% de cambio desde 2050, sin cambio climático			11.4	14.2		
Res (US$/Tm)	1,925	2,556	3,078	3,073	–1.3	–1.5
% de cambio desde 2000		32.8	59.8	59.6		
% de cambio desde 2050, sin cambio climático			20.4	20.2		
Cerdo (US$/Tm)	911	1,240	1,457	1,458	–1.3	–1.5
% de cambio desde 2000		36.1	60.0	60.1		
% de cambio desde 2050, sin cambio climático			17.5	17.6		
Cordero (US$/Tm)	2,713	3,102	3,462	3,461	–0.7	–0.8
% de cambio desde 2000		14.4	27.6	27.6		
% de cambio desde 2050, sin cambio climático			11.6	11.6		
Aves (US$/Tm)	1,203	1,621	1,968	1,969	–1.9	–2.1
% de cambio desde 2000		34.7	63.6	63.6		
% de cambio desde 2050, sin cambio climático			21.4	21.5		

Fuente: Compilado por los autores.
Nota: Los precios son en dólares de los Estados Unidos de 2000.

Gráfico 3—Precios mundiales, productos pecuarios

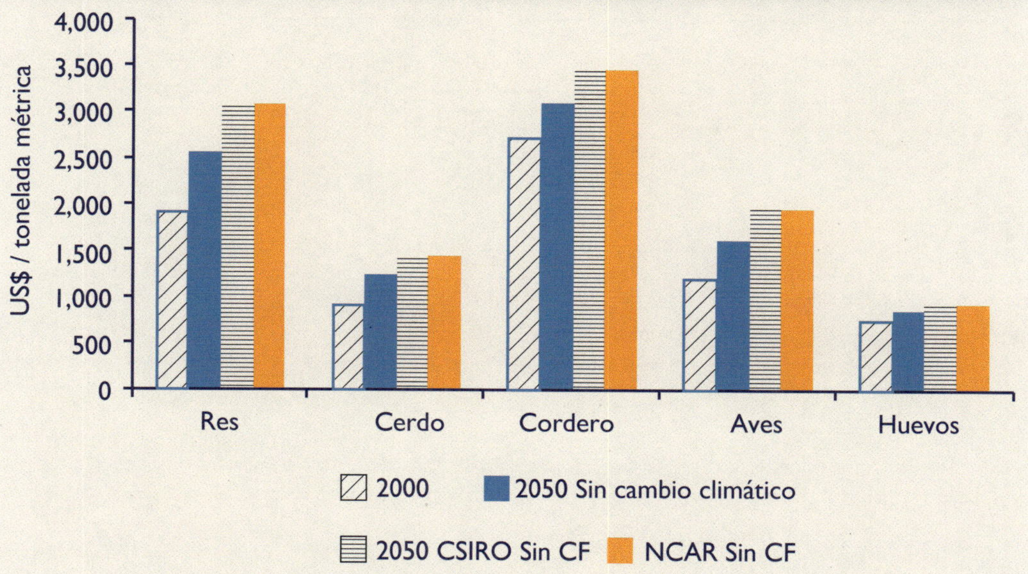

Fuente: Compilado por los autores.
Nota: Los precios son en dólares de los Estados Unidos de 2000.

Gráfico 4—Precios mundiales, cereales principales

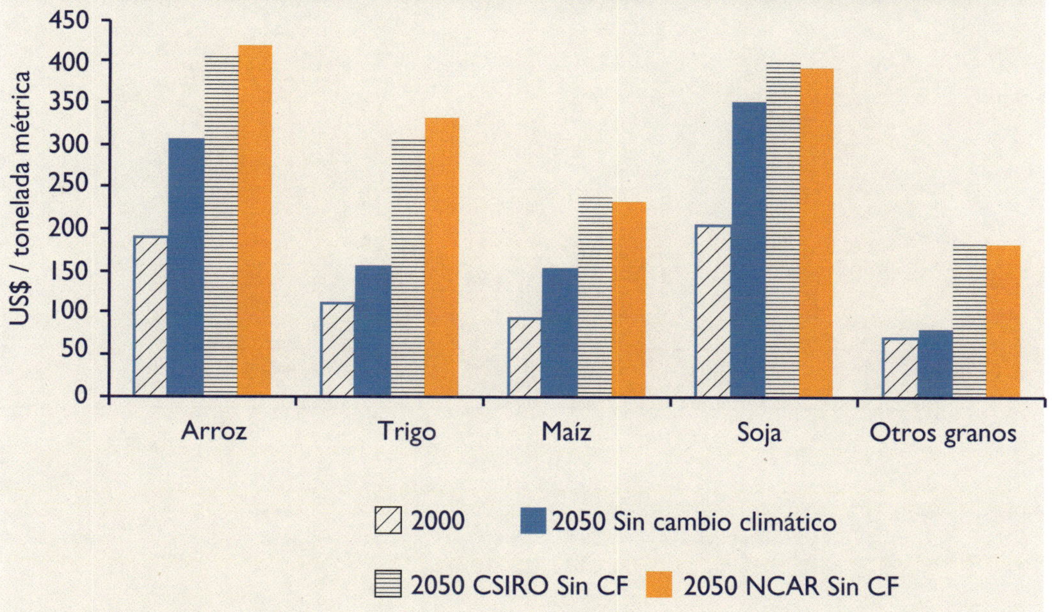

Fuente: Compilado por los autores.
Nota: Los precios son en dólares de los Estados Unidos de 2000.

Cuadro 3 —Efectos del cambio climático en la producción de cultivos, sin fertilización de CO_2

Producto Agrícola	Asia Meridional	Asia Oriental y el Pacífico	Europa y Asia Central	América Latina y el Caribe	Medio Oriente y Norte de África	África Sub-sahariana	Países desarrollados	Países en vías de desarrollo	Mundo
Arroz									
2000 (MTm)	119,8	221,7	1,1	14,8	5,5	7,4	20,4	370,3	390,7
2050 Sin CC (MTm)	168,9	217,0	2,6	17,8	10,3	18,3	20,3	434,9	455,2
2050 Sin CC (% cambio)	41,0	–2,1	144,4	19,8	87,4	146,0	–0,3	17,4	16,5
CSIRO (% cambio)	–14,3	–8,1	–0,2	–21,7	–32,9	–14,5	–11,8	–11,9	–11,9
NCAR (% cambio)	–14,5	–11,3	–0,8	–19,2	–39,7	–15,2	–10,6	–13,6	–13,5
Trigo									
2000 (MTm)	96,7	102,1	127,5	23,5	23,6	4,5	205,2	377,9	583,1
2050 Sin CC (MTm)	191,3	104,3	252,6	42,1	62,0	11,4	253,7	663,6	917,4
2050 Sin CC (% cambio)	97,9	2,1	98,1	78,7	162,3	154,4	23,6	75,6	57,3
CSIRO (% cambio)	–43,7	1,8	–43,4	11,4	–5,1	–33,5	–7,6	–29,2	–23,2
NCAR (% cambio)	–48,8	1,8	–51,0	17,4	–8,7	–35,8	–11,2	–33,5	–27,4
Maíz									
2000 (MTm)	16,2	141,8	38,0	80,1	8,2	37,1	297,9	321,3	619,2
2050 Sin CC (MTm)	18,7	264,7	62,7	143,1	13,1	53,9	505,1	556,2	1,061,3
2050 No CC (% cambio)	15,7	86,6	65,1	78,8	59,4	45,3	69,6	73,1	71,4
CSIRO (% cambio)	–18,5	–12,7	–19,0	–0,3	–6,8	–9,6	11,5	–10,0	0,2
NCAR (% cambio)	–8,9	8,9	–38,3	–4,0	–9,8	–7,1	1,8	–2,3	–0,4
Mijo									
2000 (MTm)	10,5	2,3	1,2	0,0	0,0	13,1	0,5	27,3	27,8
2050 No CC (MTm)	12,3	3,5	2,1	0,1	0,1	48,1	0,8	66,2	67,0
2050 No CC (% cambio)	16,5	50,1	77,2	113,0	128,0	267,2	60,5	142,5	141,0
CSIRO (% cambio)	–19,0	4,2	–4,3	8,8	–5,5	–6,9	–3,0	–8,5	–8,4
NCAR (% cambio)	–9,5	8,3	–5,2	7,2	–2,7	–7,6	–5,6	–7,0	–7,0
Sorgo									
2000 (MTm)	8,4	3,1	0,1	11,4	1,0	19,0	16,9	43,0	59,9
2050 No CC (MTm)	9,6	3,4	0,4	28,0	1,1	60,1	20,9	102,6	123,5
2050 No CC (% cambio)	13,9	11,6	180,9	145,3	12,2	216,9	23,6	138,7	106,2
CSIRO (% cambio)	–19,6	1,4	–2,7	2,3	0,3	–2,3	–3,1	–2,5	–2,6
NCAR (% cambio)	–12,2	6,7	–10,4	4,3	0,7	–3,0	–7,3	–1,5	–2,5

Fuente: Compilado por los autores.
Nota: Las filas "2050 sin CC (%)" indican el porcentaje de cambio entre la producción de 2000 y 2050 sin cambio climático. Las filas "CSIRO (% cambio)" y "NCAR (% cambio)" indican el porcentaje de cambio adicional en la producción en 2050 debido al cambio climático relativo a 2050 sin cambio climático. Por ejemplo, la producción de sorgo en Asia Meridional fue de 8,4 mmt en 2000. Sin cambio climático, la predicción en la producción de sorgo en Asia Meridional aumenta a 9,6 mmt en 2050, un aumento de 13,9 por ciento. Con el escenario CSIRO, la producción de sorgo en Asia Meridional en 2050 es 19,6 por ciento más baja que sin cambio climático (7,72 MTm en lugar de 9,6 MTm).
[MTm: Millones de toneladas métricas]

La disminución en el consumo de cereales se traduce en disminuciones igualmente altas en la disponibilidad de calorías como resultado del cambio climático (ver Gráfico 5 y Cuadros 5 y 6). Sin cambio climático aumenta la disponibilidad de calorías en todo el mundo entre 2000 y 2050. El aumento más importante, de 13,8 por ciento, se presenta en Asia Oriental y el Pacífico, pero el consumidor promedio de todos los países se beneficia igualmente a razón de 3,7 por ciento en América Latina, 5,9 por ciento en África Sub-sahariana y 9,7 por ciento en Asia Meridional.

No obstante, con el cambio climático, la disponibilidad de calorías en 2050 no sólo es inferior a la del escenario sin cambio climático en 2050, sino que en realidad disminuye con respecto a los niveles de 2000 en todo el mundo. Para el consumidor promedio de un país en vías de desarrollo, la reducción es de 10 por ciento en relación con la disponibilidad en el año 2000. Al considerar el efecto fertilización por CO2, las reducciones son de 3 a 7 por ciento menos severas, pero siguen siendo altas en relación al escenario sin cambio climático. Casi no existe diferencia entre los resultados obtenidos en cada uno de los dos escenarios con cambio climático en términos de calorías.

Cuadro 4 —Consumo per cápita (Kg por año) de cereales y carnes con y sin cambio climático (NCAR y CSIRO)

		2050				
Región	**2000**	**Sin cambio climático**	**CSIRO sin CF**	**NCAR sin CF**	**CSIRO con efecto CF (% de cambio vs CSIRO sin CF)**	**NCAR con efecto CF (% de cambio vs NCAR sin CF)**
Carne						
Asia Meridional	6	16	14	14	0.9	0.8
Asia Oriental y el Pacífico	40	71	66	66	0.7	0.6
Europa y Asia Central	42	56	51	51	0.8	0.7
América Latina y el Caribe	57	71	64	64	1.0	0.9
Medio Oriente y Norte de África	23	39	36	36	0.7	0.6
África Sub-sahariana	11	18	16	16	1.0	0.8
Países desarrollados	88	100	92	92	0.8	0.7
Países en vías de desarrollo	28	41	37	37	0.8	0.7
Cereales						
Asia Meridional	164	157	124	121	7.0	7.1
Asia Oriental y el Pacífico	184	158	124	120	8.1	8.3
Europa y Asia Central	162	169	132	128	5.3	4.9
América Latina y el Caribe	123	109	89	87	6.1	5.9
Medio Oriente y Norte de África	216	217	172	167	5.5	5.1
África Sub-sahariana	117	115	89	89	7.4	7.1
Países desarrollados	118	130	97	94	6.8	6.3
Países en vías de desarrollo	164	148	116	114	7.1	7.1

Fuente: Compilado por los autores.

Gráfico 5—Disponibilidad diaria de calorías per cápita con y sin cambio climático

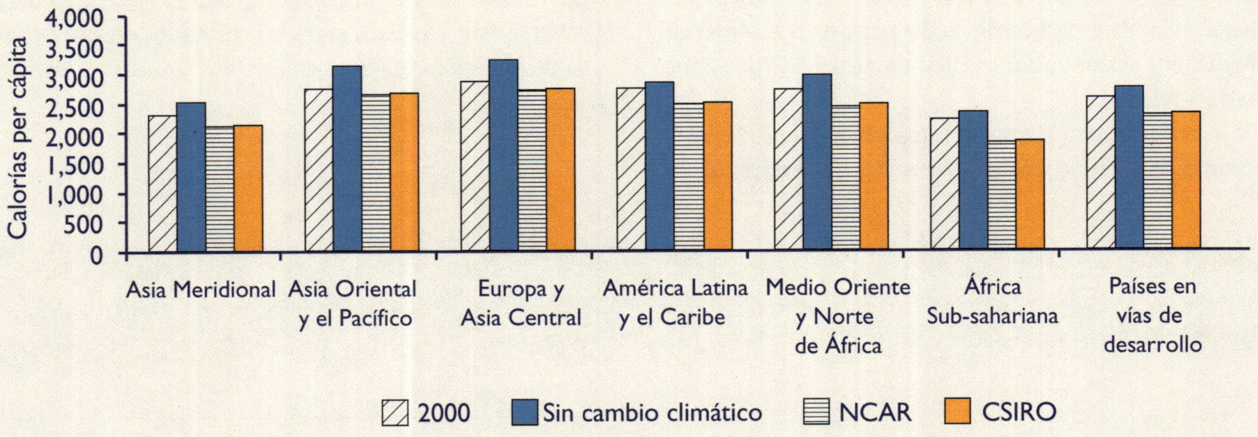

Fuente: Compilado por los autores.

Cuadro 5—Disponibilidad de calorías diarias per cápita con y sin cambio climático

Región	2000	2050				
		Sin cambio climático kcal/day	NCAR sinCF kcal/day	CSIRO sin CFkcal/ day	NCAR con efecto CF (% de cambio vs NCAR sin CF)	CSIRO con efecto CF (% de cambio vs CSIRO sin CF)
Asia Meridional	2,424	2,660	2,226	2,255	4.3	4.3
Asia Oriental y el Pacífico	2,879	3,277	2,789	2,814	4.3	4.3
Europa y Asia Central	3,017	3,382	2,852	2,885	2.7	2.9
América Latina y el Caribe	2,879	2,985	2,615	2,628	2.7	2.8
Medio Oriente y Norte de África	2,846	3,119	2,561	2,596	3.6	3.7
África Sub-sahariana	2,316	2,452	1,924	1,931	6.5	6.9
Países desarrollados	3,450	3,645	3,190	3,215	2.3	2.5
Países en vías de desarrollo	2,696	2,886	2,410	2,432	4.4	4.4

Fuente: Compilado por los autores.

Cuadro 6—Número total de niños malnutridos en 2000 y 2050 (millón de niños menores de 5 años)

Región	2000	2050				
		Sin cambio climático	NCAR sinCF	CSIRO sin CF	NCAR con efecto CF (% de cambio vs NCAR sin CF)	CSIRO con efecto CF (% de cambio vs CSIRO sin CF)
Asia Meridional	76	52	59	59	–3	–3
Asia Oriental y el Pacífico	24	10	15	14	–9	–9
Europa y Asia Central	4	3	4	4	–4	–5
América Latina y el Caribe	8	5	6	6	–5	–5
Medio Oriente y Norte de África	3	1	2	2	–10	–11
África Sub-sahariana	33	42	52	52	–5	–6
Todos los países en vías de desarrollo	148	113	139	137	–5	–5

Fuente: Compilado por los autores.
Nota: Las últimas dos columnas en este cuadro muestran la diferencia porcentual entre el número de niños malnutridos en 2050 con y sin consideración del efecto fertilización por CO_2. Por ejemplo, bajo el modelo NCAR, y suponiendo que el efecto fertilización por CO_2 es efectivo en el campo, habría una disminución de 3 por ciento en el número de niños malnutridos en Asia Meridional en relación al resultado obtenido con cambio climático y sin considerar el efecto fertilización por CO_2.

El costo de la adaptación

La adaptación al cambio climático se hace cada vez más presente en la agenda de los investigadores, políticos y encargados de programas conscientes de que el cambio climático es real y amenaza con socavar la sostenibilidad social y ecológica. En agricultura, los esfuerzos de adaptación se centran en la implementación de medidas que ayuden a fomentar medios de vida rurales que sean más resilientes ante la variabilidad climática y los desastres. Esta sección presenta un análisis del costo de inversiones en investigación agrícola, vías rurales, e infraestructura y eficiencia del riego, que apuntan a una mejora en la productividad, y que podrían a la vez ayudar a los agricultores a adaptarse al cambio climático. De partida cabe señalar que, independientemente del escenario de cambio climático que se considere, la agricultura se verá afectada negativamente por el cambio climático.

El cambio climático aumenta la malnutrición infantil y reduce el consumo de calorías de manera dramática. Por lo tanto, es necesario invertir agresivamente en la mejora de la productividad agrícola para lograr un aumento en el consumo de calorías que baste para compensar los impactos negativos del cambio climático en la salud y bienestar de la niñez.

A fin de analizar únicamente los costos de adaptación es importante identificar inversiones en productividad agrícola que reduzcan los niveles de malnutrición infantil en condiciones de cambio climático al nivel estimado sin cambio climático, manteniendo constantes todos lo demás macro cambios, tales como los ingresos o el crecimiento de la población. Se evalúan aquí dos escenarios. El primero, que se muestra en el Cuadro 7, se centra en los países en vías de desarrollo y describe las inversiones necesarias para reducir la malnutrición infantil a un nivel aproximado al que se daría sin cambio climático. La estimación de los costos se basa sólo en inversiones para el aumento de la productividad en los países en vías de desarrollo. El segundo experimento requiere incluir las mejoras adicionales de la productividad en los países desarrollados para evaluar el potencial efecto derrame (spillover) que tendrían tales inversiones sobre el mundo en desarrollo.

El Cuadro 8 presenta los efectos de estos dos escenarios sobre la disponibilidad diaria per cápita de calorías. El Cuadro 9 muestra los resultados respecto de la malnutrición infantil bajo ambos modelos de cambio climático y en comparación con el escenario sin cambio climático. Los Gráficos 6 y 7 muestran las cifras de malnutrición en las diferentes regiones en vías de desarrollo antes y después de las inversiones para el aumento en la productividad. Finalmente, el Cuadro 10 presenta los costos adicionales anualizados de inversión necesarios para contrarrestar los efectos del cambio climático en la niñez.

Cuadro 7 —Inversiones en la productividad agrícola en países en vías de desarrollo

Aumento de 60 por ciento en la tasa del crecimiento del rendimiento del cultivo (todos los cultivos por encima de su línea de base
Aumento de 30 por ciento en la tasa del crecimiento del número de animales
Aumento de 40 por ciento en la tasa del crecimiento de la producción de aceites y alimentos
Aumento de 25 por ciento en la tasa del crecimiento de las áreas irrigadas
Reducción de 15 por ciento en la tasa del crecimiento de áreas de secano
Aumento de 15 por ciento en la eficiencia hídrica de la cuenca hacia 2050

Fuente: Compilado por los autores.

Cuadro 8—Consumo diario per cápita de calorías con inversiones adaptativas (kilocalorías/persona/día)

Escenario	Asia Meridional	Asia Oriental y el Pacífico	Europa y Asia Central	América Latina y el Caribe	Medio Oriente y Norte de África	África Sub-sahariana	Países en vías de desarrollo
2000	2,424	2,879	3,017	2,879	2,846	2,316	2,696
2050							
Sin cambio climático	2,660	3,277	3,382	2,985	3,119	2,452	2,886
NCAR	2,226	2,789	2,852	2,615	2,561	1,924	2,410
NCAR +	2,531	3,161	3,197	2,994	2,905	2,331	2,768
NCAR + +	2,564	3,198	3,235	3,027	2,941	2,367	2,803
CSIRO	2,255	2,814	2,885	2,628	2,596	1,931	2,432
CSIRO +	2,574	3,200	3,243	3,011	2,954	2,344	2,801
CSIRO ++	2,612	3,241	3,285	3,048	2,996	2,384	2,840

Fuente: Compilado por los autores.
Nota: NCAR+ y CSIRO+ sólo incluyen las inversiones en productividad agrícola en el mundo en vías de desarrollo. NCAR ++ y CSIRO ++ incluyen todas las mejoras en la productividad en los países desarrollados y en vías de desarrollo. Los resultados del cambio climático presentados en este cuadro suponen que no se da el efecto fertilización por CO_2.

Cuadro 9—Child malnutrition counts with adaptive investments (million children)

Escenario	Asia Meridional	Asia Oriental y el Pacífico	Europa y Asia Central	América Latina y el Caribe	Medio Oriente y Norte de África	África Sub-sahariana	Países en vías de desarrollo
2000	75.62	23.81	4.11	7.69	3.46	32.67	147.84
2050							
Sin cambio climático	52.29	10.09	2.70	4.98	1.10	41.72	113.33
NCAR	59.06	14.52	3.73	6.43	2.09	52.21	138.52
NCAR +	54.16	10.82	3.04	4.94	1.37	44.09	118.87
NCAR ++	53.66	10.48	2.97	4.83	1.32	43.47	117.18
CSIRO	58.56	14.25	3.66	6.37	2.01	52.06	137.39
CSIRO +	53.51	10.44	2.95	4.88	1.29	43.87	117.40
CSIRO ++	52.96	10.18	2.87	4.76	1.23	43.17	115.62

Fuente: Compilado por los autores.
Nota: NCAR+ y CSIRO+ sólo incluyen las inversiones en productividad agrícola en el mundo en vías de desarrollo. NCAR ++ y CSIRO ++ incluyen todas las mejoras en la productividad en los países desarrollados y en vías de desarrollo. Los resultados del cambio climático presentados en este cuadro suponen que no se da el efecto fertilización por CO_2.

Gráfico 6—Efectos de la malnutrición infantil, Asia Meridional y África Sub-sahariana

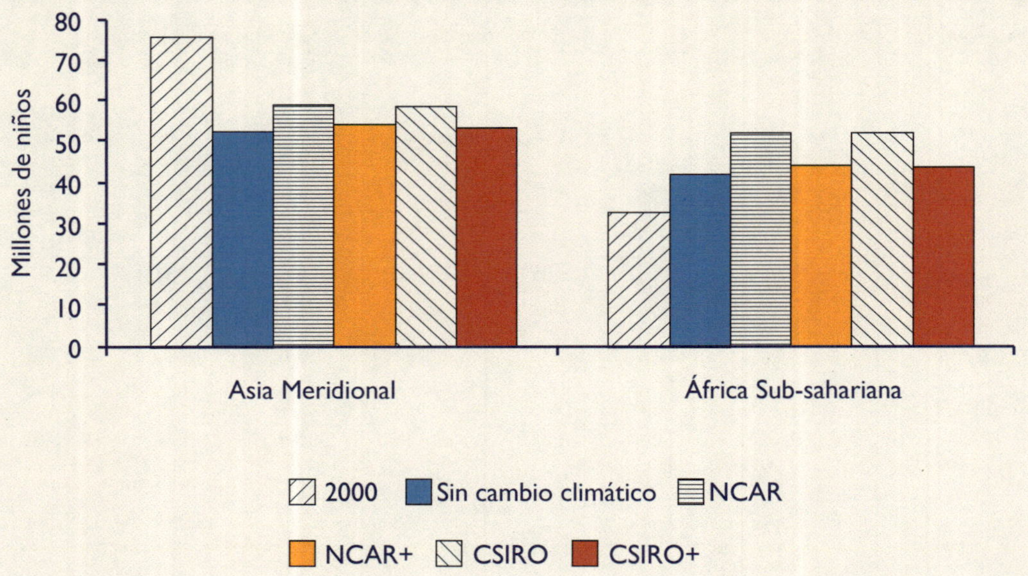

Fuente: Compilado por los autores.

Gráfico 7—Efectos de la malnutrición infantil, Asia Oriental y el Pacífico, Europa y Asia Central, América Latina y el Caribe, Medio Oriente y Norte de África

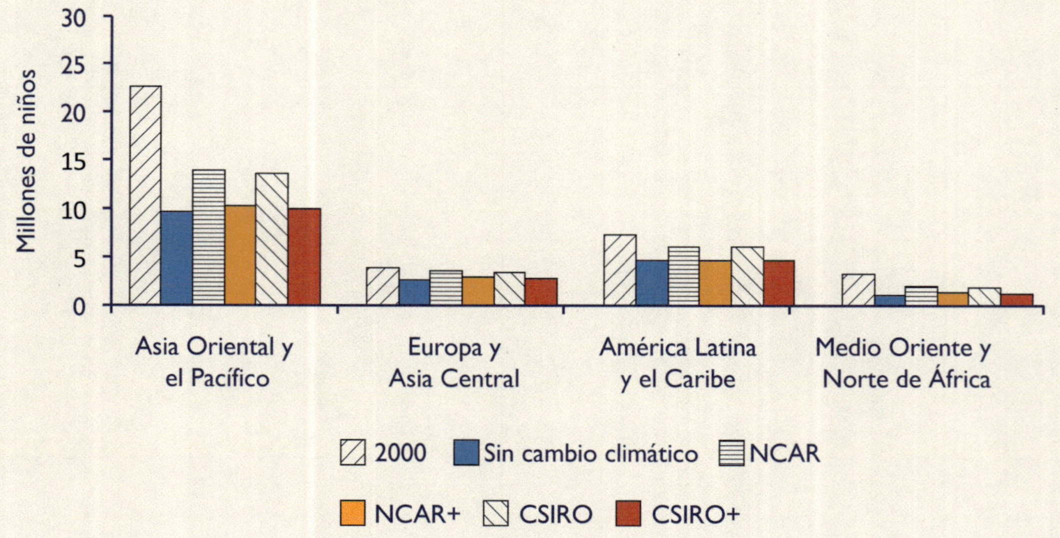

Fuente: Compilado por los autores.

Como muestra el Cuadro 10, para restaurar las cifras de malnutrición infantil a los niveles sin cambio climático se requiere una inversión anual adicional de US$ 7,1 miles de millones en el escenario de mayor humedad planteado por el NCAR y de US$ 7,3 miles millones según el escenario más seco de CSIRO. Las necesidades de inversión son particularmente fuertes en el África Sub-sahariana, donde se requiere un 40 por ciento del total. De esa cantidad, la mayor parte estaría destinada a redes de acceso rural. Las inversiones requeridas en Asia Meridional son de aproximadamente US$ 1,5 miles de millones al año, seguidas de cerca por América Latina y el Caribe con aproximadamente de US$1,2 a US $1,3 miles de millones al año. Asia Oriental y el Pacífico necesitarían algo menos de US$ 1000 millones anuales. En estas tres regiones, la inversión en investigación agrícola es tan importante como en irrigación. Y a diferencia de África Sub-sahariana, en estas regiones las necesidades de inversión en caminos son relativamente pequeñas.

Con mayores inversiones en los países desarrollados, los efectos de derrame (spillover) hacia el mundo en vías de desarrollo reduce ligeramente la necesidad de invertir en adaptación. Por ejemplo, con el escenario NCAR, se necesita invertir anualmente US$ 7,1 miles de millones si las inversiones se dan sólo en los países en vía de desarrollo. Con las inversiones en mejoras de la productividad en los países desarrollados, esa cantidad disminuye a US$ 6,8 miles de millones.

El mensaje principal transmitido por estos resultados apunta a la importancia de mejorar la productividad agrícola como medio para hacer frente a los desafíos que presenta el cambio climático. La ruta hacia tales mejoras requeridas en la productividad agrícola varía según la región y, hasta cierto punto, según el escenario climático.

Cuadro 10—Inversión adicional requerida anualmente para compensar los efectos del cambio climático en la nutrición (millones de dólares de 2000)

Escenario	Asia Meridional	Asia Oriental y el Pacífico	Europa y Asia Centra	América Latina y el Caribe	Medio Oriente y Norte de África	África Sub-sahariana	Países en vías de desarrollo
NCAR con inversiones en los países en vías de desarrollo							
Investigación agrícola	172	151	84	426	169	314	1,316
Expansión del riego	344	15	6	31	–26	537	907
Eficiencia del riego	999	686	99	129	59	187	2,158
Vías de acceso rural (expansión del área)	8	73	0	573	37	1,980	2,671
Vías de acceso rural (aumento del rendimiento)	9	9	10	3	1	35	66
Total	1,531	934	198	1,162	241	3,053	7,118
CSIRO con inversiones en los países en vías de desarrollo							
Investigación agrícola	185	172	110	392	190	326	1,373
Expansión del riego	344	1	1	30	–22	529	882
Eficiencia del riego	1,006	648	101	128	58	186	2,128
Vías de acceso rural (expansión del área)	16	147	0	763	44	1,911	2,881
Vías de acceso rural (aumento del rendimiento)	13	9	11	3	1	36	74
Total	1,565	977	222	1,315	271	2,987	7,338

Fuente: Compilado por los autores.
Nota: Estos resultados están basados en los cambios en el rendimiento de los cultivos según el modelo, sin considerar el efecto fertilización por CO_2.

Conclusiones

El presente análisis reúne, por vez primera, la modelización detallada del crecimiento de cultivos bajo condiciones de cambio climático, con los aportes derivados de un modelo extremadamente detallado de la agricultura mundial. Los resultados muestran que la agricultura y el bienestar humano se verán afectados negativamente por el cambio climático. El rendimiento de los cultivos disminuirá, se afectará la producción, aumentarán los precios de los cultivos y la carne, y se reducirá el consumo de cereales, todo lo cual conducirá a la reducción del consumo de calorías y al aumento de la malnutrición infantil.

Estos crudos resultados sugieren las siguientes recomendaciones para políticas y programas:

- Diseñar e implementar políticas y programas de desarrollo de buena calidad.
- Aumentar las inversiones en productividad agrícola.
- Vigorizar la investigación nacional y los programas de extensión.
- Mejorar la recopilación, difusión y análisis de la información mundial.
- Hacer de la adaptación agrícola un punto clave en la agenda dentro del proceso internacional de negociación sobre el cambio climático.
- Reconocer que las mejoras en seguridad alimentaria y en adaptación al cambio climático van de la mano.
- Apoyar las estrategias locales (comunitarias) de adaptación.
- Aumentar la financiación para programas de adaptación en al menos US$ 7 mil millones adicionales al año.

Es posible que estas inversiones no garanticen la superación de todas las consecuencias negativas del cambio climático. Pero, si no se toman medidas y se continúa procediendo como hasta ahora, es casi seguro que las consecuencias serán desastrosas.

Notas

1. Banco Mundial 2008.

2. Todas las cifras monetarias corresponden a dólares de los Estados Unidos del año 2000, a menos que se indique lo contrario.

3. Ver una descripción completa de la metodología en el Apéndice 1. (www.ifpri.org/sites/default/files/publications/pr21app1.pdf)

4. Rosegrant et al. 2008.

5. Ver una descripción del escenario A2 en el Apéndice 1. (www.ifpri.org/sites/default/files/publications/pr21app1.pdf)

6. Ver los resultados de la agrupación regional completa de los países del Banco Mundial en el Cuadro A2.1 del Apéndice 2. (www.ifpri.org/sites/default/files/publications/pr21app2.pdf)

7. Al aumentar las concentraciones atmosféricas de CO_2, las plantas producen más materia vegetal. El efecto depende de la naturaleza del proceso fotosintético usado por las especies de plantas. Debido a que los efectos de mayores concentraciones de CO_2 en los campos agrícolas son inciertos, presentamos los resultados tanto para 369 partes por millón de CO_2 atmosférico (correspondiente a la concentración aproximada en 2000 – resultados sin CF) como para 532 partes por millón (resultados CF), la concentración que se espera que exista en 2050 en el escenario A2.

Referencias

Fan, S., P. Hazell y S. Thorat. 1998. *Government spending, growth and poverty: An analysis of inter- linkages in rural India.* Environment and Production Technology Division Discussion Paper 33. Washington, D.C.: International Food Policy Research Institute.

Haie, N., and A. A. Keller. 2008. Effective efficiency as a tool for sustainable water resources management. *Journal of the American Water Resources Association* 10: 1752–1688.

IPCC et al. 2007. *Climate change 2007: Impacts, adaptation and vulnerability*. Contribution of Working Group II to the Fourth Assessment Report of the Intergovernmental Panel on Climate Change. Cambridge, UK: Cambridge University Press.

Jones, J. W., G. Hoogenboom, C. H. Porter, K. J. Boote, W. D. Batchelor, L. A. Hunt, P. W. Wilkens, U. Singh, A. J. Gijsman, and J. T. Ritchie. The DSSAT cropping system model. 2003. *European Journal of Agronomy* 18(3-4): 235–265.

Keller, A., and J. Keller. 1995. Effective efficiency: A water use concept for allocating freshwater resources. Winrock International, Center for Economic Policy Studies, Discussion Paper 22. Arlington, Va., U.S.A.: Winrock International.

Long, S. P., E. A. Ainsworth, A. D. B. Leakey, J. Nosberger, and D. R. Ort. 2006. Food for thought: Lower-than-expected crop yield stimulation with rising CO_2 concentrations. *Science* 312(5782): 1918–1921.

Parry, M. L., C. Rosenzweig, A. Iglesias, M. Livermore, and G. Fischer. 2004. Effects of climate change on global food production under SRES emissions and socio-economic scenarios. *Global Environmental Change* 14(1): 53–67.

Rosegrant, M. W., S. Msangi, C. Ringler, T. B. Sulser, T. Zhu, and S. A. Cline. 2008. *International Model for Policy Analysis of Agricultural Commodities and Trade (IMPACT): Model description.* Washington, D.C.: International Food Policy Research Institute.

Smith, L., and L. Haddad. 2000. *Explaining child malnutrition in developing countries: A cross-country analysis.* IFPRI Research Report. Washington, D.C.: International Food Policy Research Institute.

World Bank. 2008. World Development Report 2008: *Agriculture for Development.* Washington, D.C.: The World Bank.

You, L., and S. Wood. 2006. An entropy approach to spatial disaggregation of agricultural production. *Agricultural Systems* 90(1-3): 329–347.

Zavala, J. A., C. L. Casteel, E. H. DeLucia, and M. R. Berenbaum. 2008. Anthropogenic increase in carbon dioxide compromises plant defense against invasive insects. *Proceedings of the National Academy of Sciences* 105(13): 5129–5133.

Sobre los autores

Todos los autores forman parte de la División de Medio Ambiente y Tecnologías de Producción (EPTD, por sus siglas en inglés) del IFPRI: **Gerald C. Nelson**, investigador senior; **Mark W. Rosegrant**, director de la división; **Jawoo Koo**, investigador asociado; **Richard Robertson**, investigador asociado; **Timothy Sulser**, científico; **Tingju Zhu**, científico senior; **Claudia Ringler**, investigadora senior; **Siwa Msangi**, investigador senior; **Amanda Palazzo**, asistente de investigación senior; **Miroslav Batka**, asistente de investigación; **Marialia Magalhaes**, asistente de investigación senior; **Rowena Valmonte-Santos**, analista de investigación senior; **Mandy Ewing**, analista de investigación; y **David Lee**, consultor.

Made in the USA
Monee, IL
05 November 2026

67379803R00019